AF368149

ARBEITSGEMEINSCHAFT FÜR FORSCHUNG
DES LANDES NORDRHEIN-WESTFALEN

Sondersitzung
am 6. Juni 1956
in Düsseldorf

ARBEITSGEMEINSCHAFT FÜR FORSCHUNG
DES LANDES NORDRHEIN-WESTFALEN

HEFT 62

Adolf Butenandt

Über die Analyse der Erbfaktorenwirkung und ihre Bedeutung für biochemische Fragestellungen

SPRINGER FACHMEDIEN WIESBADEN GMBH

ISBN 978-3-663-03141-3   ISBN 978-3-663-04330-0 (eBook)
DOI 10.1007/978-3-663-04330-0

© 1960 Springer Fachmedien Wiesbaden
Ursprünglich erschienen bei Westdeutscher Verlag 1960

Über die Analyse der Erbfaktorenwirkung und ihre Bedeutung für biochemische Fragestellungen*

Von Professor Dr. phil. *Adolf Butenandt*, München

Die Genetik hat der Biochemie bedeutende biologische Grundprobleme zur Lösung aufgegeben. Sie stellt vor allem zwei Fragen (3, 11):

1. Was ist das stoffliche Wesen der an bestimmten Orten der Chromosomen lokalisierten Gene? Welche chemische Struktur kommt den Genen zu, und wie kann man ihre Vermehrungsfähigkeit und ihre Mutabilität aus ihrer Struktur deuten?

2. Wie wirken die Gene? Durch welche Reaktionsketten sind sie mit den von ihnen geprägten Außenmerkmalen (Phänen) verknüpft? Wie kann man verstehen, daß ein Gen in die Realisation mehrerer Phäne einzugreifen vermag, und daß andererseits für die Ausprägung eines Merkmales viele Gene verantwortlich sein können?

Wir beschäftigen uns im folgenden mit Untersuchungen, die von der zweiten Frage, der nach der Wirkungsweise der Erbfaktoren, ausgegangen sind.

I. Über die Genwirkung und die Bedeutung ihrer Analyse

An verschiedenen Objekten durchgeführte Studien zur Biochemie der Genwirkung lassen eine nahe Beziehung zwischen den Erbfaktoren und den Fermenten erkennen. Man ist heute zu der gesicherten Aussage berechtigt, daß *Gene über Fermente* wirken. Viele der vorliegenden experimentellen Erfahrungen lassen sich durch die Vorstellung deuten, daß jedes Gen für den

---

* Der vorliegende Vortrag wurde am 6. Juni 1956 in Düsseldorf vor der Arbeitsgemeinschaft für Forschung des Landes Nordrhein-Westfalen gehalten. Als Grundlage diente ein Manuskript „Organische Chemie und Genetik", das für das Sir Robert Robinson, Oxford, zum 70. Geburtstag gewidmete Buch „Perspectives in Organic Chemistry", herausgegeben von Sir Alexander Todd (Interscience Publishers, Inc., New York, 1956), verfaßt wurde und dort (S. 495—518) erschienen ist. Mit freundlicher Genehmigung des Verlages wird der Aufsatz hiermit in etwas veränderter Form und durch neue Ergebnisse ergänzt erneut veröffentlicht.

Wirkungsgrad eines bestimmten Fermentes verantwortlich ist und damit den Ablauf einer ganz bestimmten chemischen Reaktion kontrolliert. Wie die Beziehungen der Gene zu den ihnen zuzuordnenden Fermenten im einzelnen zu denken sind, ob die Gene die Fermente produzieren oder durch Bildung spezifischer Aktivatoren oder Inhibitoren nur ihre Funktion regeln, wie viele Gene jeweils an der Synthese oder Regulation eines Enzymsystemes beteiligt sind, das alles sind Fragen der gegenwärtigen Diskussion.

Aus der experimentellen Bearbeitung der Frage nach der Wirksamkeit der Gene hat sich im Laufe des letzten Jahrzehnts ein neues Teilgebiet der Biochemie entwickelt, das man als *„chemische Genetik"* bezeichnen kann. Die bisher erzielten Ergebnisse haben aber nicht nur die ersten Wege zur Beantwortung der primär gestellten Frage gewiesen, sondern die Chemie um neue Methoden bereichert, die geeignet sind

a) Wege des intermediären Stoffwechsels zu ermitteln,

b) neue enzymatische Leistungen der Zelle aufzufinden,

c) unbekannte Naturstoffe zu entdecken und

d) die Konstitution von kompliziert gebauten Stoffwechsel-Endprodukten, die als chemische Phäne einer Genwirkkette aufgefunden wurden, auf Grund ihres Bildungsmechanismus aufzuklären.

Das wird im folgenden an charakteristischen Beispielen gezeigt.

II. Die Augenpigmentbildung bei Insekten als Beispiel für ein Modell der Genwirkung

Letzthin müssen alle Genwirkungen chemischer Natur sein, denn das Zusammenspiel der Gene führt zu bestimmten stofflichen molekularen Ordnungsgefügen, welche die Grundlage der Strukturen und Gefüge der Zellen und Gewebe sowie ihrer physiologischen Leistungen darstellen. Einfache chemische Genwirkungen bieten daher geeignete Modelle, um das Wesen der Genwirkung überhaupt zu erkennen.

Das erste Beispiel, in dem Einblicke in eine mehrgliedrige Kette zusammenwirkender Gene bei Tieren gewonnen werden konnten, ist an der Pigmentbildung in den Augen von Insekten erarbeitet worden. *Alfred Kühn* (42) und seiner Schule verdankt man ein für die Analyse der Genwirkungen grundlegendes Experiment: die Wildform der Mehlmotte (EPHESTIA KÜHNIELLA) ist durch dunkelbraune Pigmentierung der Falteraugen, der Raupenaugen, der Raupenhaut und einiger Organe gekennzeichnet. Die Färbung wird durch die Bildung und Ablagerung bestimmter Pigmente, der *Ommochrome* (5, 6, 7) hervorgerufen. Durch die Spontanmutation eines einzigen Gens ($a^+ \rightarrow a$) entsteht eine Mehlmottenrasse, die sich homozygot von der Wildform durch den Mangel an Ommochromen unterscheidet. Die Mutationsrasse hat die Fähigkeit zur Bildung dieser Farbstoffe weitgehend eingebüßt, so daß ihre Falter hellrote Augen besitzen und die Raupen praktisch unpigmentiert erscheinen.

Überpflanzt man Organe der Wildform in das vorletzte Raupenstadium der pigmentarmen Rasse oder injiziert man statt dessen alkoholisch-wäßrige Extrakte aus a^+-enthaltendem Gewebe, so gewinnt die aa-Rasse unter der Wirkung des Implantats oder des Extraktes die Fähigkeit zur Ommochrombildung (4, 42): die Raupen werden normal pigmentiert, und die Falter zeigen eine kaffeebraune Ausfärbung ihrer Augen, d. h. es entsteht die Erscheinungsform der Wildrasse. Die Gewebe der Wildform enthalten demnach einen extrahierbaren Stoff, der nur unter der Wirkung des a^+-Gens gebildet wird und sich zwischen Gen und Außenmerkmal einschiebt. Die chemische Analyse dieses „Genwirkstoffes" und die Aufklärung seiner Beziehungen zum Gen einerseits und zum Pigment andererseits eröffnete eine Möglichkeit zur experimentellen Analyse einer Genwirkkette.

Es gelang der Nachweis (*Butenandt, Weidel* und *Becker* (22)), daß der unter Wirkung des Gens a^+ entstehende, Pigmentbildung auslösende Stoff identisch ist mit *Kynurenin*, einer Aminosäure, die bereits als Intermediärprodukt des Tryptophanstoffwechsels beim Säugetier bekannt war (*Y. Kotake* (41)). Kynurenin besitzt die Konstitution (25) des o-Aminobenzoylalanins (III) und wird z. B. im Harn von Kaninchen ausgeschieden, die bei

$$\text{Tryptophan (I)} \quad \xrightarrow{+2[O]} \quad \text{Formyl-Kynurenin (II)} \quad \longrightarrow \quad \text{Kynurenin (III)} \quad \longrightarrow \quad \text{3-Hydroxy-Kynurenin (IV)}$$

Tryptophan: Indol–CH_2–CH(–NH_2)–COOH   I

Formyl-Kynurenin: o-(NH·CHO)–C_6H_4–CO–CH_2–CH(–NH_2)–COOH   II

Kynurenin: o-(NH_2)–C_6H_4–CO–CH_2–CH(–NH_2)–COOH   III

3-Hydroxy-Kynurenin: (OH)(NH$_2$)–C_6H_3–CO–CH_2–CH(–NH_2)–COOH   IV

einseitiger Ernährung mit Reis größere Mengen des lebenswichtigen Eiweiß-
bausteins *Tryptophan* (I) verabfolgt erhalten. Das Säugetier vermag somit
Tryptophan in Kynurenin zu überführen; die gleiche Fähigkeit zeigen zahl-
reiche Mikroorganismen.

Durch Festlegen der quantitativen Beziehungen, die zwischen dem an a-
Mutanten der Mehlmotte verabfolgten Kynurenin und der gebildeten Pig-
mentmenge bestehen, wurde nachgewiesen, daß der Grad der Pigmentbildung nicht von der Dauer der Kynurenineinwirkung abhängig, sondern
direkt proportional der zugeführten Kynurenindosis ist (*Kühn* und *Becker*
(44)). Die Mengen des verabfolgten Kynurenins und des gebildeten Pigmentes
sind von der gleichen Größenordnung. Daraus folgt, daß Kynurenin kein
Katalysator des Pigmentbildungsvorganges, sondern ein Baustoff für die
Pigmentmolekel, ein „Chromogen" ist. Mit dem Kynurenin wurde somit ein
Glied der Substratkette gefaßt, die zu den Pigmenten führt. Die Ommochrome sind Derivate des Tryptophans, und Kynurenin ist ein Zwischenprodukt auf dem Wege vom Tryptophan zu den Farbstoffen.

Welche Beziehungen bestehen nun zwischen der Kynureninbildung und
dem Gen a$^+$? Im Säugetier geht der Tryptophanabbau zum Kynurenin unter
der Wirkung eines in der Leber nachweisbaren spezifischen Fermentes, der
„Tryptophanpyrrolase", vor sich, welche die Funktion einer Peroxydase,
Oxydase und Hydrolase in sich vereinigt und Tryptophan über Formyl-
Kynurenin (II) in Kynurenin abwandelt (*Knox* und *Mehler* (40)).

Ein der Tryptophanpyrrolase entsprechendes Ferment wird auch im Organismus der EPHESTIA-Wildform die Abwandlung von Tryptophan zum
Chromogen Kynurenin katalysieren. In der Mutante a kann diese Abwandlung nicht vollzogen werden, offenbar weil dem a-Gewebe die enzymatische
Aktivität der Tryptophanpyrrolase fehlt. Wir deuten diesen Befund durch
die Annahme, daß die Funktion des Gen a$^+$ darin besteht, dem Organismus
das aktive Fermentsystem der Tryptophanpyrrolase zur Verfügung zu
stellen (*Butenandt*, *Weidel* und *Becker* (23)). Die Mutation a$^+$→a beraubt
die Zelle der Fähigkeit, den enzymatisch gesteuerten Abbau des Tryptophans zu Kynurenin in normaler Weise durchzuführen; dadurch kommt es
zur Blockade der Pigmentbildung vor der Bereitstellung des Kynurenins.
Verabfolgt man dieses einzig fehlende Glied der Wirkkette an a-Mutanten,
so muß die Pigmentbildung normal ablaufen.

Die aus den experimentellen Ergebnissen entwickelte Vorstellung fordert,
daß in den a-Mutanten sich Tryptophan anreichert, da ein entscheidender
Abbauweg dieser Aminosäure nicht mehr beschritten werden kann. Das ist

in der Tat der Fall: a-Mutanten der Mehlmotte besitzen einen statistisch gesicherten höheren Gehalt an Tryptophan als die Wildform (*Caspari* (26 bis 28); *Butenandt* und *Albrecht* (12)).

Die aus Kynurenin entstehenden Ommochrome sind nicht einheitlich; in verschiedenen Zellen des EPHESTIA-Auges werden verschiedene Ommochrome gebildet; in den Retinula-Zellen und Nebenpigment-Zellen ein dunkelbraunes, in den Cornea-Pigmentzellen ein gelbes. In der Epidermis der a$^+$-Raupen findet sich außerdem ein rotes Ommochrom. Alle drei Pigmente sind durch die Mutation a betroffen und werden durch Kynurenin-Zufuhr in a-Tiere voll ausgebildet. Diese Abhängigkeit der verschiedenen Pigmente vom gleichen Gen ist ein *Modellbeispiel für die Polyphänie*, d.h. für die Erscheinung, daß ein Gen an der Ausbildung mehrerer Merkmale beteiligt ist. In unserem Beispiel kommt die Polyphänie dadurch zustande, daß für den Aufbau aller drei Pigmente dieselbe (unter der Wirkung des Gens a$^+$ gebildete) Vorstufe Kynurenin verwendet wird. In den verschiedenen Zellen müssen spätere Abschnitte der Pigmentsynthese in verschiedene Richtungen gelenkt werden. *Damit hat die Eigenschaft der Gene, in die Ausprägung zahlreicher Merkmale eingreifen zu können, eine Deutung gefunden.*

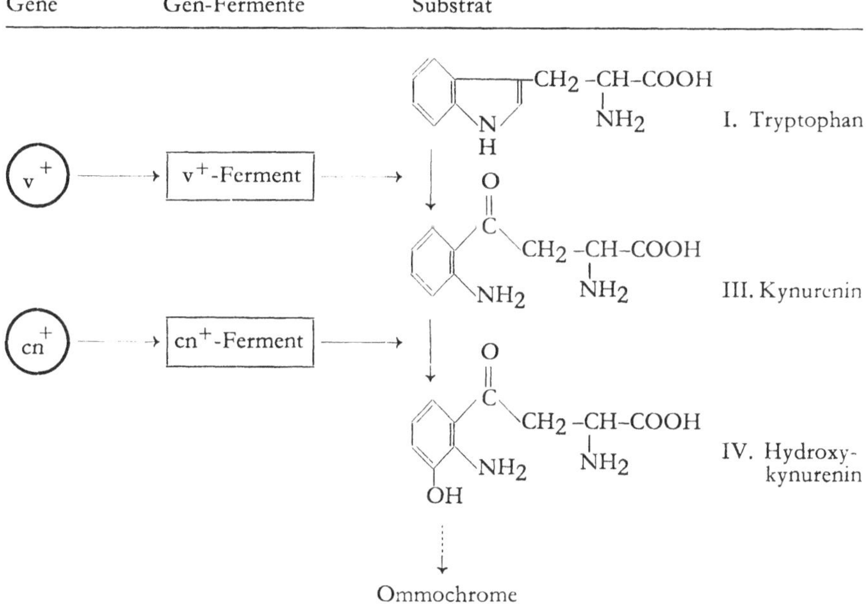

Abb. 1. Genwirkkette der Pigment- (Ommochrom-) bildung bei Insekten

Die an der Mehlmotte erhaltenen Ergebnisse haben ihre völlige Parallele bei der Taufliege Drosophila (*Beadle* (2), *Ephrussi* (30)): die dunkelrote Augenfarbe der Drosophila-Wildform ist abhängig von dem Gen v^+, dessen Mutation zu v die Augenfarbe der Fliegen stark herabsetzt. Auch in diesem Fall ist die Genwirkung durch Kynurenin voll ersetzbar. *Die Gene a^+ der Mehlmotte und v^+ der Taufliege sind somit homolog.*

Einen gleichartigen Effekt auf die Augenpigmentbildung hat bei Drosophila die Mutation eines zweiten Gens: Die Mutation des Gens cn^+ zum Allel cn führt ebenfalls zum Verlust der Ommochrombildungsfähigkeit. Transplantations- und Extraktionsversuche haben gezeigt, daß das Gen cn^+ an einem späteren Glied der Pigmentbildungskette eingreift, denn seine Wirkung setzt die Gegenwart des Gens v^+ voraus.

Die Wirkung des cn^+-Gens ist nicht durch Kynurenin ersetzbar. Systematische Suche nach einem Derivat des Kynurenins, das die Wirkung des cn^+-Gens ersetzen kann, führte zur Entdeckung des *3-Hydroxykynurenins* (IV), das aus Extrakten der Schmeißfliegenpuppen (Calliphora erythrocephala) isoliert werden konnte und synthetisch zugänglich wurde (*Butenandt, Weidel* und *Schloßberger* (24)). *Im 3-Hydroxykynurenin liegt ein Beispiel für jene Stoffe vor, die erstmalig durch die Analyse von Genwirkungen aufgefunden wurden.* Es wird später davon zu sprechen sein, welch vielseitige Aufgaben diesem Intermediärprodukt des Tryptophanstoffwechsels zukommen; hier interessiert es zunächst als Glied der Substratkette, die vom Tryptophan zu den Ommochromen führt. Zweifellos entsteht das Hydroxykynurenin aus Kynurenin unter der Wirkung eines *spezifischen Fermentes,* das offenbar nur in Geweben wirksam ist, die das Gen cn^+ besitzen.

Die für das a^+ (= v^+)-Gen entwickelte Vorstellung läßt sich auf die Wirkungsweise des cn^+-Gens übertragen: seine Gegenwart ermöglicht es der Zelle, ein aktives Ferment bereitzustellen, das Kynurenin zu Hydroxykynurenin abwandelt. Man kommt damit zur Aufstellung einer Genwirkkette, wie sie in Abbildung 1 wiedergegeben ist. Das Schema zeigt nicht nur, wie Gene über Fermente in bestimmte Reaktionsschritte einer Substratabwandlung eingreifen, sondern es verdeutlicht auch, wie verschiedene Gene bei der Ausprägung desselben Merkmals zusammenwirken können. *Hier liegt die Antwort auf die Frage, warum die Ausbildung eines Phäns von der Gegenwart mehrerer Gene abhängig ist.*

Die Analyse der Augenpigmentbildung führt uns nahe an *morphologische Differenzierungen* heran, denn die Ommochrome werden in den Zellen an

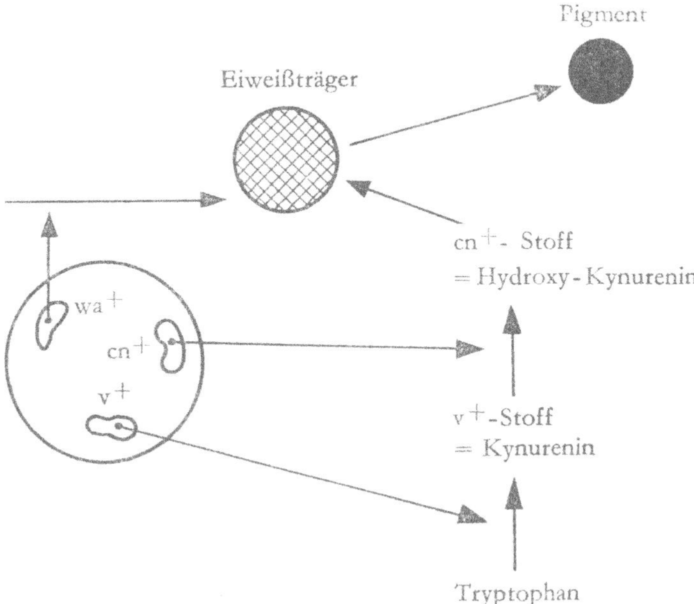

Abb. 2. Schema der Vernetzung von Genwirkketten (nach A. Kühn)

Eiweißgranula abgelagert, die in den einzelnen Zellsorten jeweils bestimmte Dimensionen und vermutlich unterschiedliche chemische Zusammensetzung haben. Offenbar vollzieht sich in diesen Granulen der letzte Schritt der Pigmentsynthese aus Hydroxykynurenin; er ist von oxydativen Prozessen begleitet. Vielleicht entscheidet die fermentative Ausstattung der Granulen über den Ablauf der Pigmentsynthese im einzelnen, also darüber, welches spezifische Ommochrom aus Hydroxykynurenin gebildet wird. Erste Einblicke in diese Vorgänge hat die Untersuchung der Mutation wa (weißäugig) bei der Mehlmotte gebracht (*Kühn* und *Schwartz* (45); *Hanser* (35)). Bei ihr fehlen in den Augenzellen die Eiweißgranula, die bei a⁺- und a-Tieren nachweisbar sind, wenn man die Farbkomponenten mit Lösungsmitteln extrahiert. Die diffusiblen Vorstufen des Pigments (Kynurenin, Hydroxykynurenin) werden von der Mutante wa gebildet, können aber vom wa-Gewebe nicht verwendet werden.

Zum Aufbau der Eiweißgranula ist gewiß eine Kette von Genwirkungen nötig, aus der durch die Mutation wa⁺→wa ein Glied herausgebrochen wurde. Das Zusammenwirken der drei Gene, die für die Pigmentbildung im Ephestia-Auge bisher bekannt sind, ist im Schema Abbildung 2 wiedergegeben, aus dem sich der Modell-Charakter für das Zusammenwirken von Genen bei der Bildung von Zellstrukturen gut erkennen läßt.

III. Die Ermittlung der Struktur der Ommochrome aus ihrer biochemischen Genese

E. Becker (5–7) hat gezeigt, daß Farbstofftypen, die den Augenpigmenten der Insekten in ihren charakteristischen Eigenschaften entsprechen, im Reich der Arthropoden verbreitet vorkommen; er faßte sie zur Gruppe der *Ommochrome* zusammen und unterteilte sie in die nicht dialysierbaren, alkalistabilen *Ommine* und in die dialysablen, alkalilabilen *Ommatine*. Ommochrome sind saure Farbstoffe von rotem, braunem, gelbem bis violettem Farbton, die in allen neutralen Lösungsmitteln unlöslich sind und in den Geweben oft an Eiweiß gebunden vorkommen; sie zeigen ein kennzeichnendes Redoxverhalten, in reduziertem Zustand sind sie tiefrot, in oxydiertem gelbbraun; dieses Verhalten ist zu ihrem Nachweis verwendet worden.

Ommochrome finden sich außer in den Insekten-Augen noch als Farbstoffe in der Epidermis vieler Maden und Raupen; auch unter den Farbstoffen der Schmetterlingsflügel sind sie zu finden. Reichlich ist ihr Vorkommen in Sekreten, die von manchen Schmetterlingen und Heuschrecken kurz nach dem Schlüpfen ausgespritzt werden („Schlupfsekret"). Ommochrome sind nicht nur bei Arthropoden zu finden, z. B. benutzen auch die Cephalopoden (48a) sie als Haut- und Augenfarbstoffe.

Wegen ihrer Unlöslichkeit in allen neutralen Lösungsmitteln und des Fehlens von Reinheitskriterien wurden die Ommochrome bisher wenig bearbeitet. In der älteren Literatur sind sie als Melanine, Gallenfarbstoffe und selbst als Anthocyane angesprochen worden. *Den ersten sicheren Hinweis auf ihre Struktur brachte die chemische Genetik* für die in den Augen von EPHESTIA und DROSOPHILA abgelagerten Pigmente; wie vorstehend gezeigt werden konnte, wurden sie als Derivate des Tryptophans erkannt, die aus 3-Hydroxykynurenin als Vorstufe entstehen. Damit enthielt die Frage nach ihrem Bau zugleich die nach dem weiteren Schicksal des 3-Hydroxykynurenins bei seinem Übergang in Ommochrome. Die Konstitutionsermittlung der Ommochrome konnte somit auf zwei Wegen erfolgen: a) in üblicher Weise durch Charakterisierung und Abbau reiner natürlich vorkommender Pigmente oder b) durch Versuche zur Abwandlung des 3-Hydroxykynurenins in vitro. Beide Wege wurden beschritten.

1. Reindarstellung und Kennzeichnung natürlich vorkommender Ommochrome

Als Ausgangsmaterial für die Untersuchung der Naturfarbstoffe diente zunächst das Schlupfsekret des Schmetterlings Vanessa urticae („Kleiner Fuchs"). Sein Ommochrom-Reichtum veranlaßte schon *Becker* (7) zu einer näheren Untersuchung, jedoch gelang es ihm nicht, einheitliche Farbstoffe zu gewinnen.

Zur erstmaligen Isolierung reiner Ommochrome wurde das Schlupf-sekret von 5000 Faltern eigener Zucht auf Filterpapier aufgefangen; es enthält die Farbstoffe als *Salze,* die mit Wasser eluierbar sind. Die rot-braune wäßrige Lösung verdankt ihre Farbe der Anwesenheit mehrerer *Ommatine,* die durch ihre unterschiedliche Löslichkeit bei verschiedenem p_H und ihr Verhalten bei papierchromatographischer Trennung (z. B. bei Ver-wendung von Collidin/m/$_2$-Kaliumdihydrogenphosphat als Lösungsmittel-system) voneinander getrennt werden konnten. Es wurden zunächst drei reine Ommatine erhalten: das kristallisierte *Xanthommatin* und die papier-chromatographisch einheitlichen Farbstoffe *Rhodommatin* und *Ommatin C* (21). In einer späteren Aufarbeitung von Vanessa-Exkreten wurde als vier-ter Vertreter noch das *Ommatin D* gewonnen (15).

Da streng genommen die „Ommochrom-Natur", d. h. die Genese aus Tryptophan, nur für die in den Augen von Ephestia und Drosophila vor-kommenden Pigmente durch die chemische Genetik gesichert war, während die Zugehörigkeit der Schlupfsekret-Farbstoffe von Vanessa zu den Ommo-chromen lediglich aus dem ähnlichen physikalisch-chemischen Verhalten ge-schlossen wurde (7), war zunächst zu beweisen, daß die aus dem Schlupf-sekret isolierten Farbstoffe wirklich aus Tryptophan über Kynurenin und Hydroxykynurenin gebildet werden und als Vertreter der Ommochrome gelten können. Der Beweis wurde dadurch geführt, daß radioaktives, mit ^{14}C markiertes Tryptophan bzw. radioaktives, mit ^{14}C markiertes Kynurenin (13) in Raupen von Vanessa urticae injiziert und die im Schlupfsekret der Falter enthaltenen Farbstoffe auf ihren Gehalt an radioaktivem ^{14}C untersucht wurden. 135–200 γ markiertes Tryptophan bzw. 100–150 γ markiertes Kynurenin (10–15 mm^3 einer einprozentigen Lösung) wurden in Vanessa-Raupen injiziert, die 1–2 Tage vor der Verpuppung standen (14); das auf Filtrierpapier gesammelte Schlupfsekret der Falter wurde papier-chromatographisch aufgetrennt; die Radioaktivität befand sich erwartungs-gemäß in den oben genannten Farbstoffen.

Die damit auf Grund ihrer Biogenese erwiesene „Ommochrom-Natur"
der Schlupfsekret-Farbstoffe wurde weiterhin durch die Isolierung von
19 mg reinem kristallisierten *Xanthommatin* aus 7800 Köpfen der Schmeißfliege CALLIPHORA erhärtet (17); der Farbstoff entstammt den Augen der
Fliege. Das Schlupfsekret-Pigment Xanthommatin ist also identisch mit
einem Augenfarbstoff der Schmeißfliege; *im Xanthommatin liegt der erste
kristallisierte Augenfarbstoff aus dem Insektenreich vor.* Injiziert man
CALLIPHORA-Puppen 2 mm³ einer Lösung von radioaktivem ^{14}C enthalten-
dem Tryptophan, so erweist sich das aus den Augen der geschlüpften Fliegen
isolierte Xanthommatin als hoch radioaktiv, wie es von ihm als Tryptophan-
derivat zu erwarten ist (17).

2. Die Konstitutionsermittlung des Xanthommatins

Das in allen neutralen Lösungsmitteln unlösliche Xanthommatin
$C_{20}H_{15}O_9N_3$ ist eine Säure, die mit Basen Salze bildet. Xanthommatin zeigt
ein charakteristisches Redoxverhalten: die gelbbraune Farbe der oxydierten
Stufe schlägt unter der Einwirkung von schwefliger Säure oder Natrium-
dithionit in ein leuchtendes Rot um. Das rote „Hydroxanthommatin" wird
vom Sauerstoff der Luft reoxydiert; 1 Mol Hydroxanthommatin $C_{20}H_{17}O_9N_3$
verbraucht bei dieser Oxydation 1 O-Atom. Xanthommatin ist in verd.
Salzsäure löslich, Hydroxanthommatin nicht; zur Reinigung macht man
von diesem Verhalten Gebrauch: aus einer salzsauren Lösung von Xanthommatin fällt beim Einleiten von Schwefeldioxyd rotes Hydroxanthommatin aus (21).
Die Konstitution des Xanthommatins konnte eindeutig als die eines *Phen-
oxazon-Farbstoffes* der Struktur (V) ermittelt werden (*Butenandt, Schiedt,
Biekert* und *Cromartie* (20)).
Den ersten Einblick in den Bau des Xanthommatins gewährte der alkali-
sche Abbau. Zweistündiges Erwärmen in 0,5 n Natronlauge bei 90° liefert
nach dem Ansäuern neben weiteren in Butanol löslichen Abwandlungspro-
dukten das *2-Amino-3-hydroxy-acetophenon* (VII) und die *Xanthurensäure*
(VI). Da unter den gleichen Bedingungen auch 3-Hydroxykynurenin selbst in
Xanthurensäure übergeht, war zu diskutieren, ob bei der alkalischen Spaltung des Xanthommatins primär Hydroxykynurenin frei wird, das erst
sekundär in Xanthurensäure abgewandelt wird. In Übereinstimmung mit
solcher Auffassung steht der Befund, daß das Ferment *Kynureninase* (37,

50, 51) aus Xanthommatin Alanin abspaltet; durch diese fermentative Reaktion ist die Gegenwart einer freien α-Amino-γ-oxo-carbonsäure-Seitenkette (wie sie im Hydroxykynurenin vorliegt) nachgewiesen. Durch saure Spaltung des Farbstoffs läßt sich Hydroxykynurenin selbst fassen. Die zusammenfassende Deutung der Befunde macht wahrscheinlich, daß wenigstens 1 Molekül des Chromogens Hydroxykynurenin so in das Xanthommatin-Molekül eingebaut ist, daß es unter den Bedingungen der Hydrolyse in Freiheit gesetzt werden kann.

V. Xanthommatin

IV. Hydroxy-kynurenin

Kynureninase

Alanin

VII. 2-Amino-3-hydroxy-acetophenon

VI. Xanthurensäure

Der weitere Einblick in den Bau des Xanthommatins erfolgte durch indirekte Methode, die letzthin auf die Erfahrungen der chemischen Genetik zurückgeht. *Danneel* (29) hatte schon 1941 gezeigt, daß die Pigmentbildung in überlebenden isolierten DROSOPHILA-Köpfen auf Oxydationsprozessen beruht, da sie durch Sauerstoffentzug oder durch Zusatz von Cyanid zu unterbinden ist. Daraus wurde die Vorstellung hergeleitet, daß Hydroxykynurenin *oxydativ* in Xanthommatin übergeht.

Hydroxykynurenin ist ein o-Amino-phenol. Es ist bekannt (1), daß o-Amino-phenole durch Oxydation in schwach alkalischer Lösung *Phenoxazone* liefern. Darauf fußend wurden in systematischen Versuchen eine Reihe

verschieden substituierter o-Amino-phenole in Phenoxazone übergeführt und
gezeigt, daß die so dargestellten Modellsubstanzen den Ommochromen in
ihren Eigenschaften sehr nahestehen, das gilt z. B. für das aus *2-Amino-
3-hydroxyacetophenon* (VII) dargestellte *3-Amino-4,5-diacetylphenoxazon*
(VIII), einen gelborangen Farbstoff mit ausgesprochenem Redoxverhalten (19).

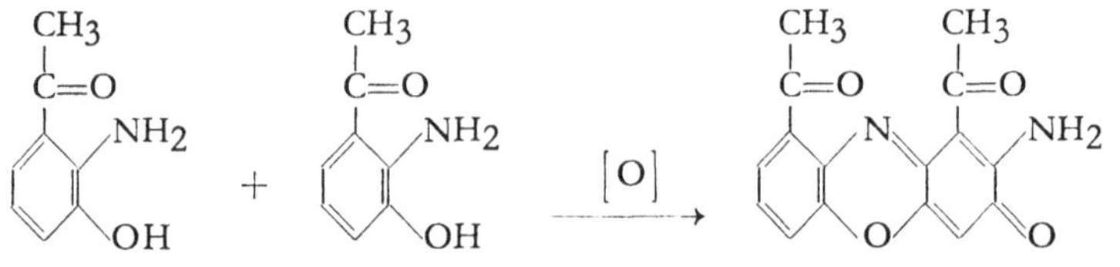

VII. 2-Amino-3-hydroxy-
acetophenon

VIII. 3-Amino-4,5-diacetyl-
phenoxazon

Als auf Grund dieser Erfahrungen das natürliche Chromogen der Ommochrome, das 3-Hydroxykynurenin, selbst der Oxydation mit 3 Mol Kaliumhexacyanoferrat unterworfen wurde, konnte aus dem Oxydationsansatz

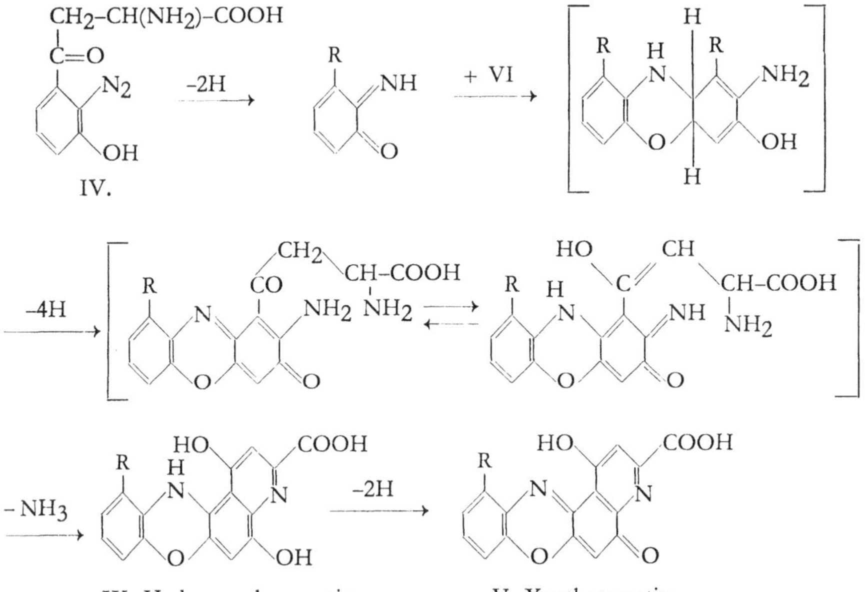

IX. Hydro-xanthommatin

V. Xanthommatin

$$R = -CO - CH_2 - CH(NH_2) - COOH$$

Formelschema 1. Bildung von Xanthommatin aus 3-Hydroxy-kynurenin

Xanthommatin isoliert werden, das sich in allen seinen Eigenschaften, auch im UV- und IR-Spektrum, als mit dem natürlichen Farbstoff identisch erwies. Da für den Reaktionsablauf 8 Äquivalente Sauerstoff verbraucht werden und 1 Mol Ammoniak frei wird, ist der Vorgang im Sinne des Formelschemas 1 gedeutet, nach dem *Xanthommatin* die Strukturformel V und dem *Hydroxanthommatin* die Strukturformel IX zugeordnet werden (19).

Die Strukturformel V wurde endgültig durch eine übersichtliche *Totalsynthese* gesichert, die (unter Benützung einer von *Kehrmann* (39) angegebenen Methode zur Synthese von Phenoxazonen) den im Formelschema 2 wiedergegebenen Weg der Kondensation von 3-Hydroxykynurin (IV) mit 4,6-Dihydroxy-chinolinchinon-(5,8)carbonsäure-(2) (X) einschlägt (20).

Formelschema 2. Totalsynthese des Xanthommatins

Danach war die Struktur des Xanthommatins eindeutig gesichert und gezeigt, daß in dem ersten aus Schlupfsekret von VANESSA und den Augen von CALLIPHORA rein dargestellten Ommatin ein Phenoxazonfarbstoff vorliegt.

3. Zur Entstehung von Xanthommatin aus Hydroxykynurenin in vivo

Es darf angenommen werden, daß Xanthommatin auch in vivo durch die oxydative Kondensation zweier Moleküle 3-Hydroxykynurenin unter Ausbildung der Phenoxazonstruktur und einen nachfolgenden Chinolin-Ringschluß aus einer der beiden Seitenketten entsteht. Bisher ist kein Ferment aufgefunden worden, das die Oxydation des Hydroxykynurenins spezifisch vollziehen kann; Tyrosinase zeigt praktisch keine Wirkung in diesem Sinne. Bemerkenswerterweise kann die Tyrosinase jedoch Hydroxykynurenin dann in Xanthommatin überführen, wenn kleine Mengen Dihydroxyphenylalanin (Dopa) (XII) zugegen sind, die als „Vermittler" der enzymatischen Reaktion fungieren. Offenbar wirkt nach dem Prinzip des Formelschemas 3 ein

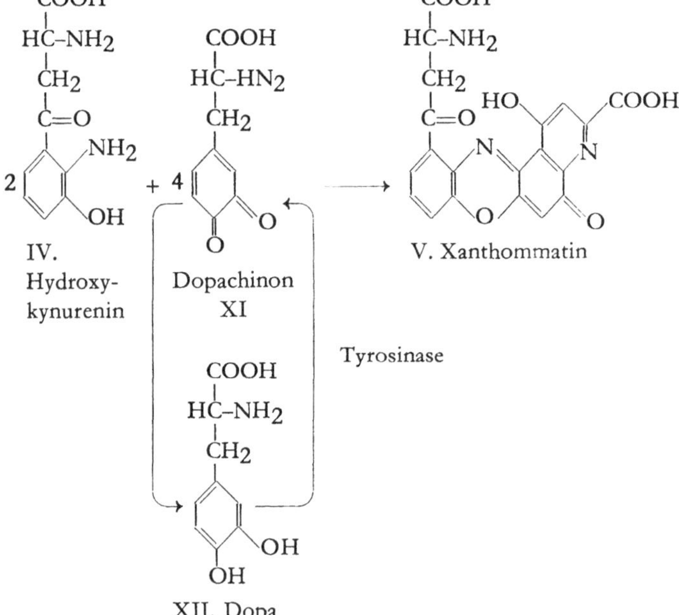

Formelschema 3. Enzymatische Bildung von Xanthommatin aus 3-Hydroxy-kynurenin durch Tyrosinase unter Vermittlung von Dopa

intermediär entstehendes Orthochinon (wie Dopachinon (XI) oder Dopachrom) dehydrierend auf das Hydroxykynurenin und wird dabei selbst wieder in das als Substrat für Tyrosinase dienende Hydrochinon zurückverwandelt.

Nach diesem Befund (16) erscheint es durchaus denkbar, daß das Dopachinon (XI) in vivo eine gleiche Funktion ausübt wie das Kaliumhexacyanoferrat bei der Xanthommatin-Synthese in vitro.

4. Xanthommatin als Prototyp natürlicher Phenoxazon-Farbstoffe

Das Xanthommatin darf in seinem Bau als Prototyp der natürlichen Phenoxazonfarbstoffe der Gruppe der Ommochrome gelten. Farbstoffe dieser Bauart sind im Laboratorium und in der Technik seit 60 Jahren bekannt, in der Natur wurden sie erst als Phäne der chemischen Genetik aufgefunden!
Vom Grundtypus lassen sich leicht verschiedene Vertreter der natürlichen Ommochrome herleiten und zwar
a) durch Variation der Seitenketten,
b) durch Übergang des Phenoxazonsystems in ein *Phenyl-chinonimin-System:*

c) durch Erweiterung des Phenoxazonsystems zum Typus des *Triphendioxazin*-Systems:

Über die bisher näher charakterisierten Ommochrome kann folgendes gesagt werden:
Im Gegensatz zum Xanthommatin liegt das – aus dem Schlupfsekret des Schmetterlings VANESSA URTICAE (kürzlich auch kristallisiert) gewonnene – *Rhodommatin* in der bedeutend stabileren reduzierten Form vor. Seine UV-Spektren stimmen mit denen des Dihydro-Xanthommatins überein, nach

vorsichtiger Oxydation des Farbstoffs entsprechen sie völlig denen des Xanthommatins. Analytisch unterscheidet sich das Rhodommatin vom Dihydro-
xanthommatin durch den Austausch einer Aminogruppe durch eine Hydrox-
ylgruppe (15). Die bisher gewonnenen Befunde sprechen dafür, daß dieser
Austausch in der Benzoylalanin-Seitenkette erfolgt ist, so daß im Rhodommatin eine Benzoylmilchsäure-Struktur vorliegt.

Besonderes Interesse verdient das – ebenfalls aus dem Schlupfsekret von
VANESSEN isolierte (15) – *Ommatin D*, dessen reduzierte rote Form verhält-

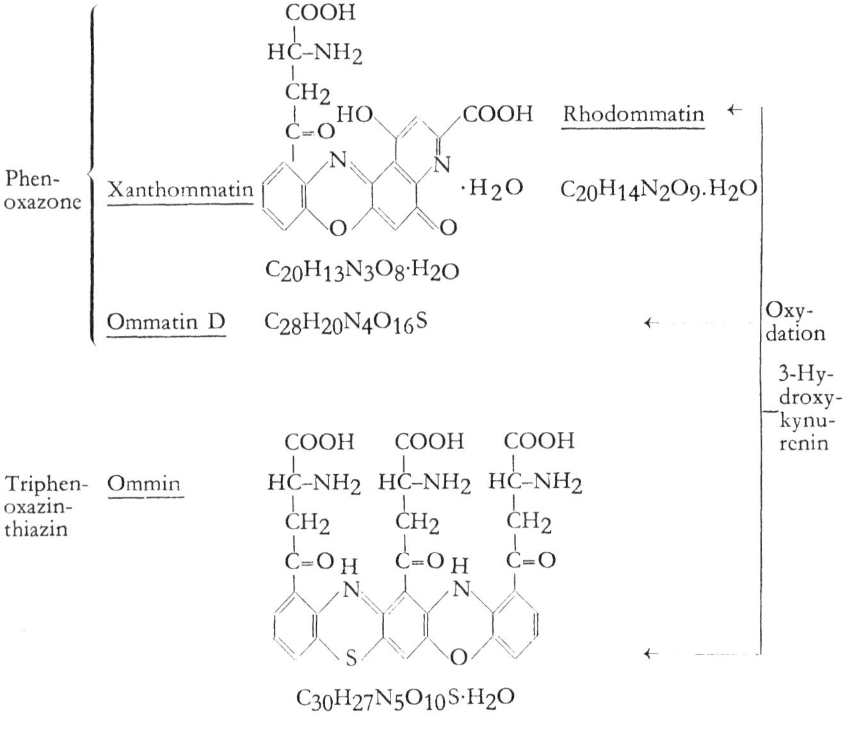

Formelschema 4:

Phen-
oxazone

Xanthommatin

$COOH$
$HC–NH_2$
CH_2
$C=O$ HO $COOH$ Rhodommatin
N N
$\cdot H_2O$ $C_{20}H_{14}N_2O_9\cdot H_2O$
O O

$C_{20}H_{13}N_3O_8\cdot H_2O$

Ommatin D $C_{28}H_{20}N_4O_{16}S$

Oxy-
dation

3-Hy-
droxy-
kynu-
renin

Triphen-
oxazin-
thiazin

Ommin

$COOH$ $COOH$ $COOH$
$HC–NH_2$ $HC–NH_2$ $HC–NH_2$
CH_2 CH_2 CH_2
$C=O$ H $C=O$ H $C=O$
    N N
    S O

$C_{30}H_{27}N_5O_{10}S\cdot H_2O$

Formelschema 4. Die strukturellen und genetischen Beziehungen zwischen den Ommatinen
und Omminen

nismäßig stabil ist gegen Autoxydation. Der Vergleich der UV-Spektren ge-
stattet es, dem Ommatin mit Sicherheit dieselbe *Phenoxazon*-Grundstruktur
zuzuordnen, wie sie im Xanthommatin und Rhodommatin vorliegt. Ommatin D ($C_{28}H_{20}N_4O_{16}S$) ist höher molekular als die einfachen Ommatine und
enthält Schwefel; in mineralsaurer Lösung erweist es sich als instabil und

geht langsam unter Verlust von $(C_8H_7NO_8S)$ quantitativ in Xanthommatin über. Die UV-spektroskopisch zu verfolgende Reaktion erweist sich kinetisch als eine Reaktion 1. Ordnung, d. h. als hydrolytische Spaltung.

In seiner Molekulargröße und im Schwefelgehalt nimmt das Ommatin D eine interessante Mittelstellung ein zwischen den Phenoxazonfarbstoffen Xanthommatin und Rhodommatin, mit denen es im chromophoren System übereinstimmt, und den *Omminen,* welche ebenfalls Schwefel enthalten, aber ein erweitertes chromophores System besitzen (Formelschema 4). Ein Ommin A (17a) aus den Augen des Seidenspinners BOMBYX MORI, das sich auch aus den Augen des Tintenfisches SEPIA OFFICINALIS gewinnen läßt, besitzt nach unseren gegenwärtigen Kenntnissen die Struktur eines *Triphen-oxazin-thiazins* mit drei Kynureninseitenketten. Beim hydrolytischen Abbau mit Säure läßt sich aus Ommin A ein Molekül Hydroxy-kynurenin abspalten, während das verbleibende Bruchstück unter Chinolinringschluß in einen schwefelhaltigen Farbstoff übergeht, dessen spektroskopisches Verhalten und weiterer Abbau für die angegebene Omminstruktur sprechen. Falls diese Struktur sich bestätigen läßt, leitet sich das Ommin aus drei Hydroxyky-nurenin-Einheiten ab, die unter Einbau von Schwefel oxydativ verknüpft werden.

Da in den Ommochromen ein neuer Naturfarbstoff-Typus vorliegt, wurde ihre *Verbreitung* an einem großen Tiermaterial untersucht. Zur Charakterisierung der isolierten Farbstoffe wurden ihre UV- und IR-Spektren und ihr saurer und alkalischer Abbau mit einer eindeutigen Identifizierung der Spaltprodukte Hydroxy-kynurenin und Xanthurensäure herangezogen. *Ommine* finden sich in sämtlichen untersuchten Ordnungen der beiden größten Arthropodenklassen, der *Crustaceen* und *Insekten.* Sie dienen bei Krebsen, Spinnnen und Insekten vor allem als *Augenfarbstoffe;* ihre Lokalisation in den Nebenpigmentzellen und distalen Teilen der Retinulazellen läßt in den Omminen Lichtschutzpigmente vermuten, obwohl eine Beteiligung am Sehvorgang nicht ausgeschlossen ist. Auch der Augenfarbstoff der *Tinten-fische* ist ein Ommin, jedoch tritt es bei den Cephalopoden vor allem als *Hautfarbstoff* auf, eine Funktion, die bei Arthropoden seltener ist. Als gelbe, braune oder rote Flügelfarbstoffe der Schmetterlinge konnten bisher nur die drei *Ommatine* nachgewiesen werden. Die Entdeckung von Xanthommatin in den Eiern des marinen Wurmes URECHIS CAUPO zeigte erstmalig, daß Ommochrome auch außerhalb von Arthropoden und Mollusken vorkommen. – Die Ommine sind besonders verbreitet, bei Arthropoden kann man ihr nahezu universelles Vorkommen voraussagen. Bemerkenswerterweise erwiesen sich alle Omminpräparate, die wir bisher untersuchen konnten, in ihren analysierbaren Eigenschaften als identisch; möglicherweise tritt überall ein und dasselbe Ommin auf. Dieser Farbstoff, bisher wenig bekannt und kaum erwähnt, erweist sich somit als eines der verbreitetsten tierischen Pigmente; damit treten die zunächst nur als Phäne der biochemischen Insekten-Genetik interessierenden Ommochrome in ihrer Bedeutung gleichwertig neben andere, seit langem bekannte große Naturfarbstoffklassen.

Ommatine

Actinomycine   R = Peptid
(H. Brockmann 1956)

Cinnabarin   R = – CH$_2$OH
Cinnabarinsäure   R = – COOH
(J. Gripenberg 1958)

Formelschema 5. In der Natur vorkommende Phenoxazonfarbstoff-Typen

Xanthommatin, Rhodommatin und Ommatin D waren die ersten in der Natur aufgefundenen Phenoxazonfarbstoffe. Inzwischen hat man weitere Vertreter dieses Farbstofftypus aufgefunden (Formelschema 5). Die Konstitutionsermittlung der Ommochrome lieferte den Schlüssel für die Analyse des chromophoren Systems der *Actinomycine,* antibiotisch wirksamer Stoffwechselprodukte von Strahlenpilzen; es erwies sich ebenfalls als Phenoxazon-Derivat (10). Auch die als *Cinnabarin* und *Cinnabarinsäure* bezeichneten Pigmente des Pilzes TRAMATES CINNABARINUS sind kürzlich als Phenoxazone erkannt worden (31 a). Es ist bemerkenswert, daß ein Farbstofftypus, der dem organischen Chemiker seit Jahrzehnten bekannt ist, erst jetzt so verbreitet unter den Naturfarbstoffen aufgefunden wurde!

IV. Die genetische Koppelung von Ommochrom- und Pteridin-Bildung

Das Gen a$^+$ der Mehlmotte ist bereits in bezug auf die Synthese verschiedener Ommochrome ein polyphänes Gen. Diese genetische Polyphänie erstreckt sich aber noch auf andere Stoffklassen.

Unterwirft man nach einer zuerst von *Hadorn* (33) bei DROSOPHILA angewandten Methode den Preßsaft einzelner Augen der EPHESTIA-Wildform und der EPHESTIA-a-Mutante der aufsteigenden Papierchromatographie (z. B. im System Propanol-Ammoniak), so läßt sich eine Reihe von Stoffen mit verschiedenem R$_f$-Wert entwickeln, die im UV-Licht stark fluoreszieren. Die Fluoreszenzmuster sind bei der Wildform und bei der Mutante a voneinander verschieden *(Hadorn* und *Kühn* (34)). Bei der a-Mutante werden stets viel mehr fluoreszierende Stoffe gefunden als bei der Wildform; ein wesentlicher Teil von ihnen gehört zur Klasse der *Pteridine (Forrest* und *Mitchell* (31), *Hadorn* (32), *Viscontini* (49)), deren erste Vertreter man als weiße und gelbe Pigmente der Schmetterlingsflügel kennen lernte, die als Bestandteile der *Folsäure-Gruppe* große physiologische Bedeutung besitzen und sich im Gebiet der chemischen Genetik in steigendem Maße als wichtige Stoffwechselfaktoren erweisen. Unter den Pteridinen aus den Köpfen von EPHESTIA und DROSOPHILA fand sich stets das *Isoxanthopterin* (XIII).

XIII. Isoxanthopterin

Zwischen der Bildung der Ommochrome und der Pteridine in den Köpfen von EPHESTIA besteht nun ein überraschender Zusammenhang: Wenn die Synthese der Ommochrome durch die Mutation a unterbrochen ist, so findent man in den Köpfen gleichzeitig eine erhöhte Konzentration an fluoreszierenden Stoffen. Nach Injektion von Kynurenin in junge Puppen der a-Mutante wandelt sich in den Augen parallel mit der Bildung der Ommochrome das Fluoreszenzmuster aus dem für a charakteristischen Typ zu dem der Wildform ab. Der vom Gen a$^+$ abhängige Prozeß, die Bildung von Kynurenin aus Tryptophan, ermöglicht somit nicht nur die Synthese der Ommochrome, sondern wirkt gleichzeitig hemmend auf die Bildung der Pteridine (*Kühn* (43)).

Man vermag diese reziproke genetische Koppelung von Ommochrom- und Pteridin-Bildung noch nicht sicher zu deuten; eine chemische Verknüpfung zwischen der Synthese von Phenoxazon-Farbstoffen und Pteridinen ist nicht ersichtlich. Bemerkenswert erscheint jedoch das Verhalten der wa-Mutante: in ihren Augen sind weder Ommochrome noch fluoreszierende Stoffe nachzuweisen. Danach scheint die Bildung der Pteridine an dieselben Eiweißgranulen gebunden zu sein wie die Synthese der Ommochrome. *A. Kühn* (43) leitet aus diesem Befund die arbeitshypothetische Vorstellung ab, daß es sich bei der konkurrierenden Bildung von Ommochromen und Pteridinen um eine *Konkurrenz am Reaktionsort* handelt und fragt: „Sind die Eiweißgranulen Träger verschiedener Fermentsysteme, und werden mit der Steigerung der Bildung und Ablagerung von Pigmenten Reaktionsorte zu Ungunsten der fluoreszierenden Stoffe besetzt?" Man erkennt aus dieser Frage die weiter einzuschlagende biochemische Arbeitsrichtung, die dem Ziel dienen muß, das aus den EPHESTIA-Untersuchungen entwickelte Modell stets zu vervollkommnen.

V. Genetische Beziehungen zwischen der Ommochrom-Synthese und der Bildung von Nikotinsäure

Die chemische Genetik, deren Problematik, Methode und Bedeutung hier am Beispiel der Augenpigmentbildung der Insekten erläutert wurde, hat sich besonders am Schimmelpilz NEUROSPORA, an Bakterien und an Bakteriophagen in ungeahntem Umfang entfaltet (2, 3, 11, 38).

Als Beispiel für eine zuerst an NEUROSPORA aufgeklärte Genwirkkette betrachten wir weiter den Ablauf des Tryptophanstoffwechsels, weil sich zwischen der an EPHESTIA und DROSOPHILA ermittelten Synthese der Ommochrome aus Tryptophan und den gengesteuerten Abbauprozessen der Aminosäure bei NEUROSPORA eine unmittelbare und nicht vorauszusehende Beziehung ergab. Man fand, daß NEUROSPORA die für den Energiestoffwechsel aller Zellen benötigte *Nikotinsäure* (XVIII) aus Tryptophan bereitet und daß die ersten Abwandlungsschritte des Tryptophans in Richtung auf Nikotinsäure mit den ersten Umwandlungen des Tryptophans in Richtung auf die Ommochrome identisch sind (*Mitchell* und *Nyc* (47), *Bonner* (9)). In beiden Fällen wird Tryptophan unter der Wirkung eines Gens in Kynurenin, unter der Wirkung eines zweiten Gens in Hydroxykynurenin übergeführt; nach dieser Stufe findet eine Verzweigung statt, denn die folgenden Ab-

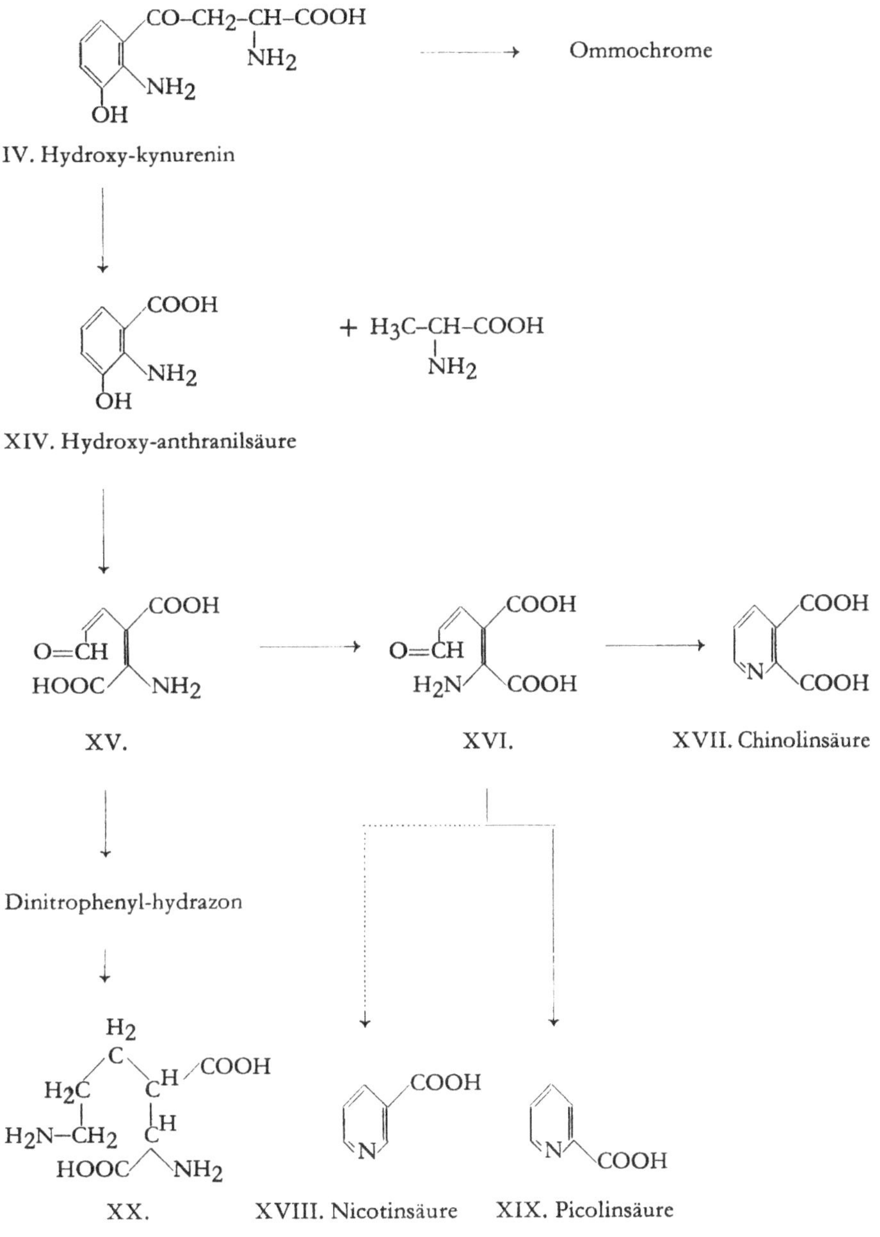

$$CO-CH_2-CH(NH_2)-COOH$$ (ring with NH_2, OH)   ⟶   Ommochrome

IV. Hydroxy-kynurenin

↓

$COOH$ (ring with NH_2, OH) $+\ H_3C-CH(NH_2)-COOH$

XIV. Hydroxy-anthranilsäure

↓

XV.   ⟶   XVI.   ⟶   XVII. Chinolinsäure

↓

Dinitrophenyl-hydrazon

↓

XX.   XVIII. Nicotinsäure   XIX. Picolinsäure

Formelschema 6. 3-Hydroxy-kynurenin als Schlüsselsubstanz an der Verzweigung
zweier Genwirkketten

wandlungsprodukte sind verschieden, je nachdem ob Pigment oder Nikotinsäure aufgebaut werden soll. *Im Hydroxykynurenin liegt somit auch eine
Schlüsselsubstanz vor, an der sich zwei Genwirkketten verzweigen* (Formelschema 6).

Auch das Säugetier stellt Nikotinsäure nach gleichem Prinzip dar (11, 52).
Man erkennt daraus, daß dieselben biochemischen Grundvorgänge – und
wahrscheinlich auch dieselben Gene, die sie bewirken – bei verschiedensten
Organismen vorkommen.

In Richtung auf Nikotinsäure wird Hydroxykynurenin unter der Wirkung des Enzyms *Kynureninase* in *Hydroxyanthranilsäure* (XIV) und Alanin gespalten (*Wiss* (50, 51); *Jacoby* und *Bonner* (37)). Diese Abspaltung
von Alanin aus der Seitenkette des Hydroxykynurenins ist eine ungewöhn-
liche Enzymreaktion, da es sich um eine von Sauerstoff unabhängige Spaltung einer C-C-Bindung handelt. Es konnte durch Reindarstellung der Kynureninase aus Schweineleber (*Wiss* und *Weber* (53)) gesichert werden, daß
es sich bei dieser Spaltung um die Wirkung eines einzigen Fermentes handelt;
es enthält Pyridoxalphosphat als Koferment und vollzieht die Lösung der
C-C-Bindung zwischen dem β- und γ-Kohlenstoffatom der Seitenkette auf
hydrolytischem Wege, ist also eine „C-C-Hydrolase" (*Hoffmann-Ostenhof*
(36)). Die Kynureninase ist verschieden von der Acylpyruvase, welche 2.4-
Diketofettsäuren in Fettsäure und Brenztraubensäure zerlegt, denn beide
Fermente können präparativ voneinander getrennt werden und unterschei-
den sich darin, daß die Acylpyruvase nicht durch Pyrydoxalphosphat akti-
vierbar ist (53).

3-Hydroxyanthranilsäure wird oxydativ weiter abgebaut. Das hierfür
benötigte Enzym wird – nach Versuchen an NEUROSPORA – ebenfalls gen-
abhängig gebildet; es konnte u. a. aus dem löslichen Eiweiß von Schweine-,
Rinder-, Katzen- und Rattenleber angereichert werden und erwies sich als
ein Eisen enthaltendes Ferment, das meist durch Zusatz von Fe^{II}-Ionen noch
aktiviert, durch die Gegenwart von Cyan-Ionen in seiner Wirkung – wahrscheinlich kompetitiv – gehemmt wird (*Priest, Bokman* und *Schweigert* (48),
Wiss (52), *Mehler* (46)).

Bei der enzymatischen Oxydation der Hydroxyanthranilsäure wird ein
Mol Sauerstoff pro Mol des Substrates verbraucht, und es entsteht ein insta-
biles Spaltprodukt, das sich durch eine intensive UV-Absorption bei 360 mμ
auszeichnet, die auch zur quantitativen Verfolgung der enzymatischen Reaktion geeignet ist (*Bokman* und *Schweigert* (8), *Wiss* (52)). Kürzlich konnte
E. Kuss (45 a) in unserem Institut die Natur dieses Zwischenprodukts end-

gültig ermitteln. Aus dem salzfreien enzymatischen Inkubationsansatz wurden die Proteine mit Phenol entfernt, und die das unveränderte Zwischenprodukt enthaltende wäßrige Phase wurde schonend (unter Verwendung eines sauren Ionenaustauschers) mit Dinitrophenylhydrazin umgesetzt. Das isolierte Dinitrophenylhydrazon konnte katalytisch zu *β-Carboxy-lysin* (XX) hydriert werden. Seine Entstehung beweist, daß dem enzymatischen Oxydationsprodukt der Hydroxy-anthranilsäure die – schon arbeitshypothetisch vermutete – Struktur einer Akroleinaminofumarsäure, der *1-Amino-4-formyl-butadien(1.3)-dicarbonsäure-(1.2)* (XV) zukommt. Durch Erwärmen der Reaktionslösung geht das Primärprodukt spontan in nicht enzymatischer Reaktion vollständig in *Chinolinsäure* (XVII) über. Damit diese Umwandlung eintritt, ist zu fordern, daß das Fumarsäurederivat (XV) sich zunächst in das Maleinsäurederivat (XVI) umlagert, an dem sich die Wasserabspaltung zur Chinolinsäure vollziehen kann.

Bisher ist es noch nicht gelungen, im Enzymversuch 3-Hydroxyanthranilsäure in Nikotinsäure (XVIII) umzuwandeln. Es ist unwahrscheinlich, daß ihre Bildung über Chinolinsäure erfolgt. Vermutlich findet unter der Wirkung eines weiteren Enzyms zunächst eine Decarboxylierung am primären Zwischenprodukt (XVI) und erst anschließend der Ringschluß zur Nikotinsäure statt. Aus Rinderleber wurde ein Enzym angereichert, das aus dem primären Zwischenprodukt (XVI) des Hydroxyanthranilsäure-Abbaus die *Picolinsäure* (XIX) erzeugt (*Mehler* (46)).

Alle diese Reaktionsfolgen (Formelschema 6) beanspruchen das allgemeine Interesse des organischen Chemikers, weil sie zeigen, wie die Natur *das Benzolsystem in das Pyridinsystem* überführt. Ohne Analyse des intermediären Stoffwechsels mit Hilfe der chemischen Genetik wären diese Erkenntnisse schwerlich erzielt worden. –

Literaturverzeichnis

(1) *Auwers, K. von,* Fortschr. Chem. Physik u. physik. Chem *18*, Heft 2, 1 (Chem. Ztrbl. *1924*, II, 2265).
(2) *Beadle, G. W.,* Fortschr. d. Chem. org. Naturstoffe *V*, 300 (1948).
(3) *Beadle, G. W.,* Fortschr. d. Chem. org. Naturstoffe *XII*, 466 (1955).
(4) *Becker, E.,* Naturwissenschaften *26*, 433 (1938).
(5) *Becker, E.,* Biol. Zbl. *59*, 597 (1939).
(6) *Becker, E.,* Naturwissenschaften *29*, 237 (1941).

(7) *Becker, E.*, Z. indukt. Abstammungs- u. Vererbungsl. *80*, 157 (1942).

(8) *Bokman, A. H.*, u. *B. S. Schweigert*, Arch. Biochem. Biophys. *33*, 270 (1951).

(9) *Bonner, D.*, Proc. nat. Acad. Sci. USA *34*, 5 (1949).

(10) *Brockmann, H.*, u. *H. Muxfeldt*, Angew. Chem. *68*, 69 (1956).

(11) *Butenandt, A.*, Naturwissenschaften *40*, 91 (1953).

(12) *Butenandt, A.*, u. *W. Albrecht*, Z. Naturforschg. *7b*, 287 (1952).

(13) *Butenandt, A.*, u. *R. Beckmann*, Biochemistry of Nitrogen, S. 275 (A. I. Virtanen homage volume) Helsinki 1955.

(14) *Butenandt, A.*, u. *R. Beckmann*, Hoppe-Seyler's Z. physiol. Chem. *301*, 115 (1955).

(15) *Butenandt, A., E. Biekert* u. *R. Beckmann*, Liebigs Ann. Chem. *607*, 207 (1957).

(16) *Butenandt, A., E. Biekert* u. *B. Linzen*, Hoppe-Seyler's Z. physiol. Chem. *313*, 251 (1958).

(17) *Butenandt, A.*, u. *G. Neubert*, Hoppe-Seyler's Z. physiol. Chem. *301*, 109 (1955).

(17a) *Butenandt, A.*, u. *G. Neubert*, Liebigs Ann. Chem. *618*, 167 (1958).

(18) *Butenandt, A., U. Schiedt* u. *E. Biekert*, Liebigs Ann. Chem. *586*, 229 (1954).

(19) *Butenandt, A., U. Schiedt* u. *E. Biekert*, Liebigs Ann. Chem. *588*, 106 (1954).

(20) *Butenandt, A., U. Schiedt, E. Biekert* u. *R. J. T. Cromartie*, Liebigs Ann. Chem. *590*, 75 (1954).

(21) *Butenandt, A., U. Schiedt, E. Biekert* u. *P. Kornmann*, Liebigs Ann. Chem. *586*, 217 (1954).

(22) *Butenandt, A., W. Weidel* u. *E. Becker*, Naturwissenschaften *28*, 63 (1940).

(23) *Butenandt, A., W. Weidel* u. *E. Becker*, Naturwissenschaften *28*, 447 (1940).

(24) *Butenandt, A., W. Weidel* u. *H. Schloßberger*, Z. Naturforsch. *4b*, 242 (1949).

(25) *Butenandt, A., W. Weidel, R. Weichert* u. *W. von Derjugin*, Hoppe-Seyler's Z. physiol. Chem. *279*, 27 (1943).

(26) *Caspari, E.*, Science *98*, 478 (1943).

(27) *Caspari, E.*, Genetics *31*, 445 (1946).

(28) *Caspari, E.*, Quart. Rev. Biol. *24*, 185 (1949).

(29) *Danneel, R.*, Biol. Ztrbl. *1941*, 61.

(30) *Ephrussi, B.*, Quart. Rev. Biol. *17*, 327 (1942).

(31) *Forrest, H. S.*, u. *H. K. Mitchell*, J. Amer. Chem. Soc. *76*, 5656 (1954).

(31a) *Gripenberg, J.*, Acta Chem. Scand. *12*, 603 (1958).

(32) *Hadorn, E.*, Experientia *10*, 483 (1954).

(33) *Hadorn, E.*, u. *H. K. Mitchell*, Proc. nat. Acad. Sci. USA *37*, 650 (1951).

(34) *Hadorn, E.*, u. *A. Kühn*, Z. Naturforsch. *8b*, 582 (1953).

(35) *Hanser, G.*, Z. Naturforsch. *1*, 396 (1946).

(36) *Hoffmann-Ostenhof, O.*, Advances in Enzymol. *14*, 219 (1953).

(37) *Jacoby, W. D.*, u. *D. M. Bonner*, J. biol. Chem. *205*, 699 (1953).

(38) *Karlson, P.*, Ergebn. Enzymforsch. *13*, 85 (1954).

(39) *Kehrmann, F.*, u. *G. Barsche*, Ber. dtsch. chem. Ges. *33*, 3067 (1900).

(40) *Knox, W. E.*, u. *A. H. Mehler*, J. biol. Chem. *187*, 419 (1950).

(41) *Kotake, Y.*, Ergebn. Physiol. *37*, 245 (1935).

(42) *Kühn, A.*, Nachr. Akad. Wiss. Göttingen *1941*, 231.

(43) *Kühn, A.*, Naturwissenschaften *43*, 25 (1956).

(44) *Kühn, A.*, u. *E. Becker*, Biol. Ztrbl. *62*, 303 (1942).

(45) *Kühn, A.,* u. *V. Schwartz,* Biol. Ztrbl. *62,* 226 (1942).

(45a) *Kuß, E.,* Dissertation München 1959 [A. Butenandt, Sitzungsberichte d. Bayer. Akadem. d. Wiss., math.-naturw. Klasse, 10. 7. 1959].

(46) *Mehler, A. H.,* J. biol. Chem. *218,* 241 (1956).

(47) *Mitchell, H. K.,* u. *J. F. Nyc,* Proc. Nat. Acad. Sci. USA *34,* 1 (1949).

(48) *Priest, R. E., A. H. Bokman* u. *B. S. Schweigert,* Proc. Soc. Exp. Biol. a. Med. *78,* 477 (1951).

(48a) *Schwinck, I.,* Naturwissensch. *40,* 365 (1953).

(49) *Viscontini, M., M. Schoeller, E. Loeser, P. Karrer* u. *E. Hadorn,* Helv. chim. Acta *38,* 397 (1955).

(50) *Wiss, O.,* Z. Naturforsch. *7b,* 133 (1952).

(51) *Wiss, O.,* Hoppe-Seyler's Z. physiol. Chem. *293,* 106 (1953).

(52) *Wiss, O.,* Z. Naturforsch. *9b,* 740 (1954); *11b,* 54 (1956). Hoppe-Seyler's Z. physiol. Chem. *304,* 221 (1956).

(53) *Wiss, O.,* u. *F. Weber,* Hoppe-Seyler's Z. physiol. Chem. *304,* 232 (1956).

Klaus Oswatitsch, Aachen	Gelöste und ungelöste Probleme der Gasdynamik
A. Butenandt, Tübingen	Über die Analyse der Erbfaktorenwirkung und ihre Bedeutung für biochemische Fragestellungen
J. Straub, Köln	Quantitative Genwirkung bei Polyploiden
Oskar Morgenstern, Princeton	Der theoretische Unterbau der Wirtschaftspolitik
Bernhard Rensch, Münster	Die stammesgeschichtliche Sonderstellung des Menschen
Wilhelm Tönnis, Köln	Die neuzeitliche Behandlung frischer Schädelhirnverletzungen
Siegfried Strugger, Münster	Die elektronenmikroskopische Darstellung der Feinstruktur des Protoplasmas mit Hilfe der Uranylmethode und die zukünftige Bedeutung ür die Erforschung der Strahlenwirkung
Wilhelm Fucks, Aachen	Bildliche Darstellung der Verteilung und der Bewegung von radioaktiven Substanzen im Raum, insbesondere von biologischen Objekten (Physikalischer Teil)
Hugo Wilhelm Knipping und Erich Liese, Köln	Bildgebung von Radioisotopenelementen im Raum bei bewegten Objekten (Herz, Lungen etc.) (Medizinischer Teil)
Friedrich Paneth †, Mainz	Die Bedeutung der Isotopenforschung für geochemische und kosmochemische Probleme
J. Hans D. Jensen und H. A. Weidenmüller, Heidelberg	Die Nichterhaltung der Parität
Francis Perrin, Paris	Die Verwendung der Atomenergie für industrielle Zwecke
Hans Lorenz, Berlin	Forschungsergebnisse auf dem Gebiete der Bodenmechanik als Wegbereiter für Gründungsverfahren
Georg Garbotz, Aachen	Die Bedeutung der Baumaschinen- und Baubetriebsforschung für die Praxis
Maurice Roy, Chatillon	Luftfahrtforschung in Frankreich und ihre Perspektiven im Rahmen Europas
Alexander Naumann, Aachen	Methoden und Ergebnisse der Windkanalforschung
Sir Harry Melville, K.C.B., F.R.S., London	Die Anwendung von radioaktiven Isotopen und hoher Energiestrahlung in der polymeren Chemie
Eduard Justi, Braunschweig	Elektrothermische Kühlung und Heizung. Grundlagen und Möglichkeiten
Richard Vieweg, Braunschweig	Maß und Messen in Geschichte und Gegenwart
Fritz Baade, Kiel	Gesamtdeutschland und die Integration Europas
Günther Schmölders, Köln	Ökonomische Verhaltensforschung
Rudolf Wille, Berlin	Modellvorstellungen zur Behandlung des Übergangs laminar — turbulent, hergeleitet aus Versuchen an Freistrahlen und Flachwasserströmungen
Josef Meixner, Aachen	Neuere Entwicklung der Thermodynamik
A. Gustafsson, Diter von Wettstein und Lars Ehrenberg, Stockholm	Mutationsforschung und Züchtung
Josef Straub, Köln	Mutationsauslösung durch ionisierende Strahlung
Martin Kersten, Aachen	Neuere Versuche zur physikalischen Deutung technischer Magnetisierungsvorgänge
Günther Leibfried, Aachen	Zur Theorie idealer Kristalle
W. Klemm, Münster	Neue Wertigkeitsstufen bei den Übergangselementen
H. Zahn, Aachen	Die Wollforschung in Chemie und Physik von heute
Henri Cartan, Paris	Nicolas Bourbaki und die heutige Mathematik
Harald Cramér, Stockholm	Aus der neueren mathematischen Wahrscheinlichkeitslehre
Georg Melchers, Tübingen	Die Bedeutung der Virusforschung für die moderne Genetik
Alfred Kühn, Tübingen	Über die Wirkungsweise von Erbfaktoren
Fréderic Ludwig, Paris	Experimentelle Studien über die Distanzeffekte in bestrahlten vielzelligen Organismen
A. H. W. Aten jr., Amsterdam	Die Anwendung radioaktiver Isotope in der chemischen Forschung
Hans Herloff Inhoffen, Braunschweig	Chemische Übergänge von Gallensäuren in cancerogene Stoffe und ihre möglichen Beziehungen zum Krebsproblem
Rolf Danneel, Bonn	Entstehung, Funktion und Feinbau der Mitochondrien
Max Born, Bad Pyrmont	Der Realitätsbegriff in der Physik
Joachim Wüstenberg	Der gegenwärtige ärztliche Standpunkt zum Problem der Beeinflussung der Gesundheit durch Luftverunreinigungen
Paul Schmidt, München	Periodisch wiederholte Zündungen durch Stoßwellen

VERÖFFENTLICHUNGEN
DER ARBEITSGEMEINSCHAFT FÜR FORSCHUNG
DES LANDES NORDRHEIN-WESTFALEN

GEISTESWISSENSCHAFTEN

Werner Richter, Bonn	Von der Bedeutung der Geisteswissenschaften für die Bildung unserer Zeit
Joachim Ritter, Münster	Die Lehre vom Ursprung und Sinn der Theorie bei Aristoteles
Josef Kroll, Köln	Elysium
Günther Jachmann, Köln	Die vierte Ekloge Vergils
Hans Erich Stier, Münster	Die klassische Demokratie
Werner Caskel, Köln	Lihyan und Lihyanisch. Sprache und Kultur eines früharabischen Königreiches
Thomas Ohm, Münster	Stammesreligionen im südlichen Tanganyika-Territorium
Georg Schreiber, Münster	Deutsche Wissenschaftspolitik von Bismarck bis zum Atomwissenschaftler Otto Hahn
Walter Holtzmann, Bonn	Das mittelalterliche Imperium und die werdenden Nationen
Werner Caskel, Köln	Die Bedeutung der Beduinen in der Geschichte der Araber
Georg Schreiber, Münster	Irland im deutschen und abendländischen Sakralraum
Peter Rassow, Köln	Forschungen zur Reichs-Idee im 16. und 17. Jahrhundert
Hans Erich Stier, Münster	Roms Aufstieg zur Weltmacht und die griechische Welt
Karl Heinrich Rengstorf, Münster	Mann und Frau im Urchristentum
Hermann Conrad, Bonn	Grundprobleme einer Reform des Familienrechtes
Max Braubach, Bonn	Der Weg zum 20. Juli 1944 — Ein Forschungsbericht
Paul Hübinger, Münster	Das deutsch-französische Verhältnis und seine mittelalterlichen Grundlagen
Franz Steinbach, Bonn	Der geschichtliche Weg des wirtschaftenden Menschen in die soziale Freiheit und politische Verantwortung
Josef Koch, Köln	Die Ars coniecturalis des Nikolaus von Kues
James B. Conant, USA.	Staatsbürger und Wissenschaftler
Karl Heinrich Rengstorf, Münster	Antike und Christentum
Richard Alewyn, Köln	Klopstocks Publikum
Fritz Schalk, Köln	Das Lächerliche in der französischen Literatur des Ancien Régime
Ludwig Raiser, Bad Godesberg	Rechtsfragen der Mitbestimmung
Martin Noth, Bonn	Das Geschichtsverständnis der alttestamentlichen Apokalyptik
Walter F. Schirmer, Bonn	Glück und Ende der Könige in Shakespeares Historien
Theodor Klauser, Bonn	Die römische Petrustradition im Lichte der neuen Ausgrabungen unter der Peterskirche
Hans Peters, Köln	Die Gewaltentrennung in moderner Sicht
Fritz Schalk, Köln	Calderon und die Mythologie
Josef Kroll, Köln	Vom Leben geflügelter Worte
Thomas Ohm, Münster	Die Religionen in Asien
Johann Leo Weisgerber, Bonn	Die Ordnung der Sprache im persönlichen und öffentlichen Leben
Werner Caskel, Köln	Entdeckungen in Arabien
Max Braubach, Bonn	Landesgeschichtliche Bestrebungen und historische Vereine im Rheinland
Fritz Schalk, Köln	Somnium und verwandte Wörter in den romanischen Sprachen
Friedrich Dessauer, Frankfurt a. M.	Reflexionen über Erbe und Zukunft des Abendlandes
Thomas Ohm, Münster	Ruhe und Frömmigkeit
Hermann Conrad, Bonn	Die mittelalterliche Besiedlung des deutschen Ostens und das Deutsche Recht
Hans Sckommodau, Köln	Die religiösen Dichtungen Margaretes von Navarra
Herbert von Einem, Bonn	Der Mainzer Kopf mit der Binde
Joseph Höffner, Münster	Statik und Dynamik in der scholastischen Wirtschaftsethik
Fritz Schalk, Köln	Diderots Essai über Claudius und Nero
Gerhard Kegel, Köln	Probleme des internationalen Enteignungs- und Währungsrechts
Johann Leo Weisgerber, Bonn	Die Grenzen der Schrift — Der Kern der Rechtschreibereform
Richard Alewyn, Köln	Von der Empfindsamkeit der Romantik

Theodor Schieder, Köln	Die Probleme des Rapallo-Vertrages. Eine Studie über die deutsch-russischen Beziehungen 1922—1926
Andreas Rumpf, Köln	Stilphasen der spätantiken Kunst
Ulrich Luck, Münster	Kerygma und Tradition in der Hermeneutik Adolf Schlatters
Walther Holtzmann, Rom	Das Deutsche historische Institut in Rom
Graf Wolff Metternich, Rom	Die Bibliotheca Hertziana und der Palazzo Zuccari zu Rom
Harry Westermann, Münster	Person und Persönlichkeit als Wert im Zivilrecht
Johann Leo Weisgerber, Bonn	Die Namen der Ubier
Friedrich Karl Schumann, Münster	Mythos und Technik
Karl Heinrich Rengstorf, Münster	Die Anfänge des Diakonats
Georg Schreiber, Münster	Der Bergbau in Geschichte, Ethos und Sakralkultur
Hans J. Wolff, Münster	Die Rechtsgestalt der Universität
Heinrich Vogt, Bonn	Schadenersatzprobleme im Verhältnis von Haftungsgrund und Schaden
Max Braubach, Bonn	Der Einmarsch deutscher Truppen in die entmilitarisierte Zone am Rhein im März 1936. Ein Beitrag zur Vorgeschichte des zweiten Weltkrieges
Herbert von Einem, Bonn	Die „Menschwerdung Christi" des Isenheimer Altares
Ernst Joseph Cohn, London	Der englische Gerichtstag
Albert Woopen, Aachen	Die Zivilehe und der Grundsatz der Unauflöslichkeit der Ehe in der Entwicklung des italienischen Zivilrechts
Karl Kerényi, Ascona	Die Herkunft der Dionysosreligion nach dem heutigen Stand der Forschung
Herbert Jankuhn, Kiel	Die Ausgrabungen in Haithabu und ihre Bedeutung für die Handelsgeschichte des frühen Mittelalters
Stephan Skalweit, Bonn	Edmund Burke und Frankreich
Ulrich Scheuner, Bonn	Die Neutralität im heutigen Völkerrecht
Anton Moortgat, Berlin	Archäologische Forschungen der Max Freiherr von Oppenheim-Stiftung im nördlichen Mesopotamien 1955
Joachim Ritter, Münster	Hegel und die französische Revolution
Hermann Conrad und Carl Arnold Willemsen, Bonn	Die Konstitutionen von Melfi Friedrichs II. von Hohenstaufen (1231)
Georg Schreiber, Münster	Der Islam und das christliche Abendland
Werner Conze, Münster	Die Strukturgeschichte des technisch-industriellen Zeitalters als Aufgabe für Forschung und Unterricht
Gerhard Hess, Heidelberg	Zur Entstehung der „Maximen" La Rochefoucaulds
Fritz Schalk, Köln	Poetica de Aristoteles traducia de latin. Illustrada y commentado por Juan Pablo Martiz Rizo (erste kritische Ausgabe des spanischen Textes)
Ernst Langlotz, Bonn	Perseus, Dokumentation der Wiedergewinnung eines Meisterwerkes der griechischen Plastik
Geo Widengren, Uppsala	Iranisch-Semitische Kulturbegegnung in parthischer Zeit
Josef M Wintrich, Karlsruhe	Zur Problematik der Grundrechte
Josef Pieper, Essen	Über den Begriff der Tradition
Walter F. Schirmer, Bonn	Die frühen Darstellungen des Arthurstoffes
William Lloyd Prosser, Berkeley	Kausalzusammenhang und Fahrlässigkeit
Leo Weisgerber, Bonn	Verschiebung in der sprachlichen Einschätzung von Menschen und Sachen
Walter H. Bruford, Cambridge	Fürstin Gallitzin und Goethe. Das Selbstvervollkommnungsideal und seine Grenze
Hermann Conrad, Bonn	Die geistigen Grundlagen des Allgemeinen Landrechts für die preußischen Staaten von 1794
Herbert von Einem, Bonn	Asmus Jacob Carstens, Die Nacht mit ihren Kindern
Paul Gieseke, Bad Godesberg	Eigentum und Grundwasser
Werner Richter, Bonn	Wissenschaft und Geist in der Weimarer Republik
Leo Weisgerber, Bonn	Sprachenrecht und europäische Einheit
Otto Kirchheimer, New York	Gegenwartsprobleme der Asylgewährung
Alexander Knur, Bad Godesberg	Probleme der Zugewinngemeinschaft
Helmut Coing, Frankfurt a. M.	Die juristischen Auslegungsmethoden und die Lehren der allgemeinen Hermeneutik
André George, Paris	Der Humanismus und die Krise der Welt von heute
Harald von Petrikovits, Bonn	Das römische Rheinland. Archäologische Forschungen seit 1945

VERÖFFENTLICHUNGEN
DER ARBEITSGEMEINSCHAFT FÜR FORSCHUNG
DES LANDES NORDRHEIN-WESTFALEN

WISSENSCHAFTLICHE ABHANDLUNGEN

Wolfgang Priester, H.-G. Bennewitz und P. Lengrüßer, Bonn	Radiobeobachtungen des ersten künstlichen Erdsatelliten
Leo Weisgerber, Bonn	Verschiebung in der sprachlichen Einschätzung von Menschen und Sachen
Erich Meuthen, Marburg	Die letzten Jahre des Nikolaus von Kues
Hans Georg Kirchhoff, Rommerskirchen	Die staatliche Sozialpolitik im Ruhrbergbau 1871—1914
Günther Jachmann, Köln	Der homerische Schiffskatalog und die Ilias
Peter Hartmann, Münster	Das Wort als Name
Anton Moortgat, Berlin	Archäologische Forschungen der Max Freiherr von Oppenheim-Stiftung im nördlichen Mesopotamien 1956
Wolfgang Priester und Gerhard Hergenhahn, Bonn	Bahnbestimmungen von Erdsatelliten aus Doppler-Effekt-Messungen
Harry Westermann, Münster	Welche gesetzlichen Maßnahmen zur Luftreinhaltung und zur Verbesserung des Nachbarrechts sind erforderlich?
Hermann Conrad und Gerd Kleinheyer, Bonn	Carl Gottlieb Svarez 1746—1796. Vorträge über Recht und Staat
Georg Schreiber, Münster	Die Wochentage im Erlebnis der Ostkirche und des christlichen Abendlandes
Günter Bandmann, Bonn	Melancholie und Musik
W. Goerdt, Münster	Fragen der Philosophie. Ein Materialbeitrag zur Erforschung der Sowjetphilosophie im Spiegel der Zeitschrift „Voprosy Filosofii" 1947—1956

SONDERHEFTE

Josef Pieper, Münster	Über den Philosophie-Begriff Platons
Walter Weizel, Bonn	Die Mathematik und die physikalische Realität
Gunther Lehmann, Dortmund	Arbeit bei hohen Temperaturen
Hans Kauffmann, Köln	Italienische Frührenaissance
—	18 neue Forschungsstellen im Land Nordrhein-Westfalen
—	Wissenschaft in Not

GPSR Compliance
The European Union's (EU) General Product Safety Regulation (GPSR) is a set
of rules that requires consumer products to be safe and our obligations to
ensure this.

If you have any concerns about our products, you can contact us on

ProductSafety@springernature.com

In case Publisher is established outside the EU, the EU authorized
representative is:

Springer Nature Customer Service Center GmbH
Europaplatz 3
69115 Heidelberg, Germany

www.ingramcontent.com/pod-product-compliance
Lightning Source LLC
LaVergne TN
LVHW080442200726
843507LV00004B/901